Charles Le Goffic

La Crise
sardinière

Le savoir
en poche

ISBN : 978-1546861881

10 9 8 7 6 5 4 3 2 1

Charles Le Goffic

La Crise sardinière

Le savoir
en poche

Table de Matières

Introduction

« La Faim est venue faire son tour en Bretagne, — la Faim Noire !
Ses os saillent à travers sa peau ; — ses dents claquent avec le bruit
que font les galets — roulés sur la grève par une grande marée.
— Blême est sa face et ses yeux brillants lui donnent l'aspect d'un
spectre horrible. — Sur sa tête une coiffe sale, autour de son corps
une guenille — et sur le front une mèche de cheveux gris embrous-
saillés, — elle est venue, la mégère impitoyable, malédictions et souf-
frances plein son tablier… »

L'étrange et sinistre complainte ! D'où sort cette voix grelottante ?
De quel romancero de misère ? Ainsi devaient chanter, au temps
des grandes famines médiévales, les successeurs efflanqués des
Gwenc'hlan et des Taliésin. M. Le Carguet, l'auteur du beau poème
dont j'ai traduit les premières strophes, est pourtant de nos contem-
porains immédiats. Son bardit porte la date de décembre 1902 ; il
s'appelle *An Naon-Du*, la Faim Noire, — un titre qui fait froid aux os.
Mais voici quatre ans passés qu'on ne pêche plus, — ou presque plus,
— de sardines en Bretagne. En 1901 déjà, le poisson avait « donné
quelques inquiétudes. » Les bancs de sardines rallient généralement
nos baies au commencement de juin et, cette année-là, ils ne les vi-
sitèrent qu'à la fin de juillet. En 1902, ce fut plus grave encore : tout
juin et juillet s'écoulèrent sans sardines. Les bateaux, pour être plus
vite rendus sur la *gleurre* (lieu de pêche), passaient la nuit au large.
Mais la mauvaise chance, la *bodj*, démon femelle assez mal défini
qui hante certains bords d'où on ne l'expulse qu'à coups de trique et
d'exorcismes, semblait s'être multipliée et avoir pris possession de
toutes les barques à la fois. Massés sur les jetées, les dunes et les
falaises, usiniers, soudeurs, saleurs en vert, *friteuses, commises*, etc.,
tous ceux qui vivent de la mer, et qui quelquefois en meurent, suivaient d'un œil anxieux les évolutions de la flottille de pêche : si les
mâts s'abattaient, si les barques demeuraient immobiles, c'est que la
sardine avait enfin quitté les profondeurs. Les mâts ne s'abattaient
pas ; les barques, sous leur misaine et leur taillevent, continuaient à
sillonner la grise immensité. Elles rentraient avec le flot, la cale vide
comme au départ. Changer de méthode et peut-être de terrain de
pêche, recourir aux engins perfectionnés, sennes Belot, filets tour-
nans Eyraud, Guézennec ou autres, prohibés par l'administration
sur la demande des pêcheurs eux-mêmes, personne n'y songeait ou
ne voulait y songer parmi les intéressés. Il était plus commode, plus

conforme aussi à la résignation bretonne, de s'en remettre au ciel et d'attendre le salut d'un miracle. L'action syndicaliste, qui procède par étapes, ne s'était pas encore manifestée dans les ports sardiniers sur le terrain religieux : des pèlerinages furent organisés aux principaux sanctuaires du littoral ; Mgr Dubillard se rendit à Audierne, à Douarnenez et à Concarneau pour bénir la mer. Et il sembla d'abord que les prières de l'évêque, son geste auguste avaient conjuré le mauvais destin. Le 30 août, une barque d'Audierne rallia le port avec 2 000 sardines. L'équipage chantait, agitait ses bérets, était ivre de joie. Toutes les usines arborèrent leur pavillon : la sardine était de retour !

Le lendemain, elle avait disparu, soit qu'elle eût regagné le large, soit qu'elle eût replongé dans les profondeurs...

On la revit encore, de temps à autre, dans quelques baies, au voisinage de certaines îles : apparitions éphémères, que suivaient de longues, d'interminables éclipses où s'épuisaient les dernières ressources des pêcheurs. À la mi-novembre enfin, il fallut quitter tout espoir. En cinq mois de campagne, des patrons avaient gagné 40 francs... Mais à quoi bon poursuivre ? Tout a été dit sur la misère des sardiniers bretons et vendéens, misère quelque peu enflée par la plume complaisante des reporters, et qu'on a ensuite trop rabaissée aux proportions d'un simple incident économique. 21 000 pêcheurs, 15 000 cuiseuses et huileuses, 3 000 soudeurs, manœuvres, employés et ouvriers divers, soit environ 40 000 travailleurs de la mer et les familles de ces travailleurs sont menacés dans leur gagne-pain : voilà le fait brutal. Et je sais qu'il a des précédents. La crise dont nous souffrons n'est que la répétition, — en pire, — des crises de 1860 à 1863 et de 1879 à 1887. En 1887 particulièrement la fabrication courante des produits de qualité moyenne fut bien près de sa ruine. Elle se releva par la suite, mais elle y eut quelque peine.

Il n'est point sûr qu'elle ait la même chance cette fois-ci.

Section I

La cause principale de ces crises, qui sévissent périodiquement sur notre industrie sardinière, réside dans l'extrême irrégularité du rendement de la pêche. Plusieurs années se passent quelquefois, nous venons d'en donner des exemples, sans qu'on revoie la sardine dans nos baies. Pourquoi ces fugues soudaines, suivies de ces brusques retours ? On ne sait trop. Il n'est même pas prouvé que la sardine émigré et il se pourrait fort bien qu'elle se bornât à prendre ses quartiers d'hiver dans les grandes profondeurs du large.

Entre les écailles des premières sardines capturées en mai, on a pu observer « la présence, soit de vase, soit de petites éponges, soit de crustacés minuscules. » M. Portier, après Pouchel et avec MM. Giard, Bouchon-Brandely, Biétrix, Fabre-Domergue, de Seilhac, etc., se croit autorisé à en conclure qu'au moment de sa disparition, « la sardine n'émigre pas vers les pays chauds, mais qu'elle reste sous la même latitude, gagnant seulement, soit la haute mer, soit les profondeurs, d'où elle revient ensuite au fur et à mesure que la température s'élève sur nos côtes [1]. » Tout au moins semble-t-il que les variations atmosphériques, qui n'ont aucun effet sur la sardine méditerranéenne, laquelle se pêche hiver comme été, exercent une action sensible sur la sardine vendéenne et bretonne : si la température marine tombe au-dessous de 12° C., cette sardine s'engourdit et ne « travaille » pas. Il semble bien aussi que les vents de terre prolongés chassent le poisson, tandis que les vents de mer le ramènent ; qu'un certain calme des eaux lui est nécessaire ; qu'il se dirige de préférence vers les baies où le plankton abonde. Mais ce ne sont point là des certitudes, M. Portier le reconnaît, et la thèse de l'émigration périodique des sardines conserve de nombreux partisans.

La thèse de la « diminution, » plus contestable, n'est guère défendue aujourd'hui que par les pêcheurs. Un document officiel, cité par le regretté Georges Pouchet, signalait déjà « onze causes, reconnues comme pouvant contribuer à la *diminution* de la sardine. » On s'en est pris à tout, au Gulf-Stream, aux chalutiers à vapeur, à l'éruption du Mont-Pelé, aux goémoniers, aux bélugas, aux filets de dérive, voire aux pauvres diables qui traînent sur la côte leurs dragues à chevrette pour gagner quelques sous. On a surtout fait valoir le grand argument : « Plus on pêche de sardines, moins il en reste. » Et cet argument peut sembler, à première vue, lumineusement décisif : scientifiquement, il n'en est pas de plus faux. L'Océan est une matrice inépuisable et Pouchet avait raison de dire qu'on ne le dépeuple pas, comme on dépeuple une rivière ou un lac. La jalousie et l'esprit de routine ont mal servi en cette occasion les pêcheurs sardiniers. Ils ont cru qu'en obtenant l'interdiction de la senne Belot et des autres engins perfectionnés dont l'usage commençait à se répandre sur nos côtes, ils donneraient plus de régularité au rendement de la pêche : or, ce rendement n'a jamais été plus capricieux que depuis 1878, date de l'établissement de la réglementation. On a vu le mille de sardines, en 1882, montera 50 francs : on l'a vu descendre, en 1888 et 1898,

Charles Le Goffic

à un franc. Encore les usines n'acquéraient-elles qu'une partie de la pêche : le reste pourrissait au soleil ; les cultivateurs du voisinage venaient le charger à quai pour l'épandre sur leurs terres en guise d'amendement. À Douarnenez, en 1897, de dépit, de colère, les pêcheurs rejetèrent à l'eau toute leur cargaison, — 600 000 sardines. À Camaret, ils hissèrent une boule noire à l'entrée du port, signe qu'aucune barque ne prendrait plus la mer, qu'on préférait le chômage au salaire dérisoire des fabricants de conserves. Audierne, Loctudy, le Guilvinec décrétèrent la grève. Des troubles éclatèrent même çà et là. Les soudeurs s'en mêlèrent : un jour, à Douarnenez, l'usine de Tranche-Montagne fut prise d'assaut, saccagée, incendiée. Les émeutiers avaient arboré le drapeau rouge ; debout sur la toiture de l'usine, un clairon sonnait la charge…

Jusqu'en ces dernières années pourtant, usiniers et pêcheurs supportaient sans trop se plaindre les aléas du métier et l'extrême mobilité des cours : les années d'abondance alternaient avec les années de disette et en corrigeaient les effets ; il arrivait même que la crise tournait à l'avantage des deux parties [2]. Un patron sardinier, à moins de frais et avec moins d'efforts qu'aujourd'hui, en ces âges fortunés, gagnait bon an mal an de 15 à 1 800 francs dans ses cinq mois de campagne ; le simple pêcheur de 6 à 800 francs. Mais, — premier point à noter, — l'un et l'autre n'étaient pas encore ce qu'ils sont devenus si complètement depuis : à savoir de simples ouvriers d'industrie, pratiquant en quelque sorte, suivant l'expression de Pouchet, l'extraction d'une matière première. Du jour où on supprima les presses à sardines, l'usine, la « friture, » comme on dit sur la côte, devint la seule ou presque la seule clientèle du bateau sardinier. Or l'usine a de gros frais généraux ; sans parler des dépenses de premier établissement, le charbon, les approvisionnements d'huile d'olive et d'arachide, la fabrication et le sertissage des boîtes grèvent lourdement son budget. De plus, il lui faut produire coûte que coûte, même en mauvaise année, pour exécuter des commandes acceptées sur la prévision d'une pêche moyenne. Le poisson est payé en conséquence. Bref, le prix du mille de sardines ne dépend plus seulement de la rareté et de la qualité du poisson, mais aussi des besoins des usines et de la nature de leurs engagements [3].

Ces usines mêmes se sont multipliées à l'excès : de Trozouls (baie de Lannion) aux Sables-d'Olonne, on en compte tout près de 150, qui « versent annuellement aux pêcheurs de six de nos départements de 10 à 12 millions de salaires, procurent bon an mal an 2 500 000 francs aux soudeurs, 3 000 000 aux femmes, 300 000 aux autres ouvriers, faisant subsister ainsi environ 40 000 familles, soit une population de 200 000 individus [4]. » Et sans doute on a péché de tout temps la sardine sur nos côtes ; mais c'est en 1825 seulement qu'un industriel lorientais du nom de Blanchard tenta d'appliquer à l'industrie sardinière les procédés découverts par Appert en 1804 pour la conservation des substances animales et végétales. Enhardis par son succès, les Sables (1832), Belle-Isle (1834), la Turballe (1841) fondèrent l'un après l'autre des « confiseries » de sardines. Jusqu'en 1870 cependant, le nombre de ces établissements n'excéda pas trente ou quarante pour l'ensemble du littoral : le nombre des barques employées à la pêche sardinière était lui-même en rapport avec ces commencements modestes d'une industrie qui devait prendre un subit développement entre 1888 et 1901. Du coup aussi, les barques triplèrent ; la population maritime, insuffisante, fit appel aux recrues de l'intérieur. À Concarneau, en temps de pêche, la moitié des équipages, jusqu'à la crise dernière, était composée de journaliers agricoles qui retournaient aux champs, la saison finie ; l'*hinterland* de Crozon dirigeait chaque année sur Douarnenez un millier de volontaires, qu'on appelait les « hirondelles crozonnaises, » parce que leurs migrations coïncidaient avec celles de ces oiseaux. Sur nombre de points cependant (Camaret, Audierne, Penmarc'h, Concarneau, etc.), l'émigration se faisait sans esprit de retour, et c'est ainsi encore que Tréboul, Le Guilvinec, simples hameaux la veille, devenaient des centres de pêche importants. À lui seul, entre 1870 et 1901, l'arrondissement de Quimper, en très grande partie maritime, voyait sa population passer de 130 000 à 194 000 unités.

On ne prit point garde, dans les débuts, aux dangers de cette sorte de *rush*, de poussée fiévreuse des champs vers la mer : la pêche était abondante ; il y avait « du poisson pour tout le monde, » et, si intensive que fût l'émigration, il restait encore à l'agriculture plus de bras qu'elle n'en pouvait employer. La fragilité du raisonnement ne se décela que plus tard et quand l'émigration, la multiplication des usines eurent insensiblement fait leur œuvre et modifié profondément le régime quasi patriarcal de l'ancienne industrie sardinière. Comme l'a très bien vu M. Auguste Dupouy, « où quelques centaines de milliers de sardines alimentaient facilement, jour par jour, une demi-douzaine d'usines, il en faut maintenant des millions ; où le chômage n'atteignait que peu de familles, il sévit sur des villes entières ; il faut, — beaucoup plus qu'autrefois, — pour nourrir une population très dense, pour alimenter les usines nouvelles, que la pêche soit générale, régulière, ininterrompue. » Enfin la concurrence étrangère, aux aguets et toujours prête à tirer parti des moindres flé-chissements de la production indigène, est venue compliquer encore le problème. Tant que nos industriels monopolisaient la fabrication et la vente des conserves de sardines, ils pouvaient sans danger, si la rogue était chère, rare le poisson, surélever leurs prix en consé-quence. Cette faculté précieuse leur a été ôtée et, dans les années de crise, il leur faut vendre à perte pour ne point s'aliéner une clientèle que circonvient de plus en plus la concurrence étrangère. Les États-Unis, par exemple, qui fondaient en 1875, à Eastport, leur première confiserie de sardines à la moutarde, en possèdent aujourd'hui une soixantaine, produisant environ 1 500 000 boîtes par an. Ces conserves barbares flattent agréablement les palais transatlantiques ; mais les établissements de la baie Passamaquoddy fabriquent aussi pour l'exportation des conserves dites à l'huile d'olive, dont beaucoup sont vendues sous étiquette française : « Paul, à Nantes, » « Pierre, à Bordeaux, » etc. Or, l'huile de coton et le lard fondu y remplacent trop souvent l'huile d'olive annoncée sur la boîte ; et, pareillement, les sardines y sont souvent subrogées par des sprats. Il n'en faut pas moins compter avec la concurrence américaine, comme il faudra compter quelque jour, sur les marchés extérieurs, avec les sardines japonaises et norvégiennes, dont plusieurs marques figuraient ho-norablement à la dernière Exposition de Liège ; peut-être même avec les sardines hindoues [5] et marocaines dont la pêche est très ac-tive déjà et le deviendra bien davantage quand la sardine confite se sera substituée dans les ports du Maghreb et du Malabar à la sardine fraîche ou pressée. Mais le grand danger qui menace notre indus-trie nationale, il est à nos portes et, par surcroît de malechance, c'est nous qui l'avons créé.

En 1879 ou 1880, des Grésillons (pêcheurs de Groix), surpris par une tempête, durent « chasser » devant le temps jusque sur les côtes du Portugal et y relâcher. À leur grand étonnement, ils virent qu'on y pêchait à l'ide de madragues et de cercles, presque en tout temps et en quantités prodigieuses, des sardines qui ressemblaient fort aux sardines des côtes bretonnes. Ils en achetèrent à vil prix un plein chargement et racontèrent en Bretagne qu'ils avaient fait cette pêche miraculeuse dans les parages de l'île d'Yeu. On les crut d'abord. Mais, à la longue, le secret transpira. Les Grésillons avaient pris l'ha-bitude de ne plus pêcher eux-mêmes la sardine et d'aller s'appro-visionner en Portugal. Un fabricant les y suivit : la main-d'œuvre était pour rien là-bas ; il y établit une usine de conserves. D'autres l'imitèrent. Les « fritures » portugaises sont aujourd'hui en pleine prospérité ; mais elles ont porté un coup fâcheux à nos industriels. Le seul Setubal, avec ses 91 bateaux montés par 780 marins, « suffit à alimenter pendant neuf mois de l'année 37 usines pourvues d'un outillage perfectionné et qui peuvent traiter la sardine *en quelque quantité qu'on la pêche.* » De fait, chacune de ces usines fabrique en moyenne de 15 à 20 000 boîtes par jour. Les usines espagnoles ne sont pas moins florissantes. Pourtant les conditions de la pêche espagnole se rapprochent beaucoup des nôtres : si les pêcheurs portugais se passent de rogue, les pêcheurs de Vigo, de la Corogne, de Santander, de Bilbao, de Gijon, de Larédo, de Saint-Sébastien, etc., y font de plus en plus appel. De 1900 à 1905, la consommation de cet appât de provenance norvégienne a plus que doublé en Espagne : MM. Fabre-Domergue et Potigny évaluent cette consommation à 15 000 barils, représentant 2 millions de kilogrammes, et constatent qu'il y a là pour nos pêcheurs « une cause de renchérissement très appréciable ajoutée à celle résultant de l'augmentation du nombre des barques sardinières, puisque ces deux causes ont toutes deux pour effet d'accroître les demandes faites au centre de production. » Il est remarquable, d'ailleurs, que la rogue norvégienne n'a pas plus échappé à la spéculation d'un côté des Pyrénées que de l'autre : on cite chez nous, avec indignation, certaine année où le baril de cet appât s'est vendu 130 francs aux pêcheurs ; en Espagne, le même baril se vendait l'an passé 350 pesetas, soit environ 275 francs. Rien n'y fait cependant. Et le poisson lui-même peut tomber à vil prix, descendre à 0 fr. 60 le mille, pour s'élever dans les années les plus exceptionnelles à 6 francs et se tenir dans les années moyennes à 3 francs, la production est si abondante, grâce au libéralisme de la législation maritime, à la puissance des engins et à la longue durée de la campagne dépêche (neuf mois de l'année au lieu de quatre et demi chez nous), la « capacité d'absorption » des usines si merveilleusement appropriée au développement de cette production, leur outillage si perfectionné, leurs économies de main-d'œuvre si grandes, que tout le monde, fabricants, pêcheurs, ouvriers, y trouve son compte à la fin. Pour toutes ces raisons et quelques autres encore, les usines espagnoles et portugaises sont très supérieures aux usines françaises. Que reste-t-il donc à celles-ci ? Simplement la qualité de leurs produits.

Nulle sardine ne vaut la sardine bretonne et vendéenne ; l'exquise finesse de sa chair, l'excellence de l'huile employée dans nos usines, le mode de cuisson, jusqu'aux soins apportés à la fabrication et au sertissage des boîtes, tout conspire à faire prévaloir dans l'estime des gourmets la sardine indigène, — au moins la sardine « de luxe, » — sur la sardine d'origine étrangère. Encore faut-il, pour que nos produits gardent leur renom, qu'ils ne soient pas « adultérés. » Or, ils l'étaient trop fréquemment jusqu'ici. Des industriels peu scrupuleux n'hésitaient pas à « dépoter » les boîtes de sardines étrangères pour en « rempoter » le contenu dans les boîtes françaises. Une fraude non moins fréquente consistait à coller des étiquettes françaises sur les boîtes « blanches » (c'est-à-dire ne portant aucune mention d'origine) qui avaient passé la frontière. Le consommateur, dans les deux cas, sur la foi des boîtes ou des marques, croyait manger des sardines vendéennes ou bretonnes et, ne trouvant point qu'elles fussent supérieures aux sardines espagnoles ou portugaises, finissait par préférer ces dernières qui lui étaient livrées à bas prix.

Section II

La pêche de la sardine se fait sur nos côtes à l'aide de grandes barques non pontées, de sept à huit tonneaux, gréées en chasse-marée et montées généralement par cinq hommes et un mousse. Neuves, ces barques reviennent, barre en main, à 1 500 ou 2 000 fr. Grosse somme déjà : nous n'avons là cependant que le prix de la coque et des agrès, auquel il convient d'ajouter celui de la rogue et des filets spéciaux pour la sardine. Ces filets coûtent entre 60 et 80 francs pièce, et il en faut une douzaine par bord. Ce sont de grands quadrilatères longs de quinze mètres et hauts de six ou huit, la ralingue supérieure garnie de lièges, la ralingue inférieure de plombs ou de pierres qui les maintiennent verticalement dans l'eau. La dimension du tour de maille est calculée d'après les dimensions minima et maxima de la sardine et va de 46 à 75 millimètres. Le poisson se doit prendre par les ouïes : que la maille soit trop étroite, il tourne bride ; trop large, il passe au travers. D'où la nécessité d'avoir à bord un certain nombre de filets de « moules » différents.

Acquisition dispendieuse, d'autant que, vienne une bourrasque, et le filet est perdu ; il y suffit de moins quelquefois, d'un « béluga » qui s'amuse et, en trois coups de queue, déchire toute cette dentelle. Le filet à sardines est tissu d'un fil aussi mince que possible ; pour le rendre moins visible encore, on le passe au sulfate de fer qui lui donne la teinte bleutée de l'eau de mer. Telle est la défiance de ce capricieux petit poisson qu'il n'est sorte de précaution qu'on ne doive prendre pour éviter de l'effrayer. Une fois sur la *gleurre*, les mâts sont abattus, les filets immergés. Silence complet sur toute la ligne ; tandis que deux hommes de l'équipage, les « teneurs, » saisissent leurs lourds avirons de vingt pieds et se mettent à « nager » doucement, presque sans bruit, pour « tenir la barque bout au vent, » le patron se poste sur la « chambre » et sonde les profondeurs de cet œil aigu du marin qui vaut les meilleurs télescopes. Egrenés jusqu'à l'horizon, sept, huit cents bateaux sont là quelquefois à la file et, dans la grise immensité, toutes ces hautes silhouettes patronales, debout à l'arrière des barques et se découpant en vigueur sur le ciel, ont moins l'air d'interroger la *gleurre* que de célébrer quelque office mystérieux. De fait, la pêche, il y a quelques années, débutait comme une cérémonie religieuse : dans le Finistère, par un grand signe de croix du patron et une brève oraison que, tête nue, répétait tout l'équipage ; dans le Morbihan, par une aspersion d'eau bénite sur les engins et sur la mer. Ces usages n'ont peut-être pas complètement disparu et il y a encore, en Bretagne, des bateaux « chrétiens. » On commence à les compter, cependant [6], Le *gamblot* (sorte de grande cuiller en bois) d'une main, chaque patron puise tour à tour dans un des deux *baillets* posés près de lui. L'un des baillets est chargé de gueldre, l'autre de rogue. C'est avec ce dernier appât qu'on prend la sardine ; mais il coûte extrêmement cher. Aussi nos pêcheurs en sont-ils très ménagers. Avant de s'en servir, ils veulent savoir si l'emplacement est bon. Ils commencent donc par jeter un peu de gueldre dans l'eau. La gueldre, sorte de bouillie fabriquée sur place avec des crevettes grises et des mysis pilé, a la propriété de faire « lever » le poisson. On s'aperçoit rapidement de ses effets à certains éclairs argentés qui raient les profondeurs et aussi aux bulles d'air (*bouffies* ou *berven*) que la vessie natatoire de la sardine laisse échapper en « levant. » Il est temps alors de jeter la rogue. À petites poignées, en l'émiettant entre ses doigts, le patron la laisse filer à l'arrière. La sardine, avidement, se jette sur l'appât ; les mailles du filet la saisissent par les ouïes. Quand le patron juge la charge suffisante, il hèle ses hommes pour retirer le filet et en immerger un second. Les coups de filet de 5 et 6 000 sardines ne sont pas rares ; on en cite où grouillaient jusqu'à 20 000 sardines. Les pêcheurs ont un terme spécial pour désigner ces coups de filet miraculeux : ils disent que le poisson est « fou. » Ce n'est précisément plus le cas aujourd'hui, où il se montre d'une sagesse qui frise l'indifférence. Sitôt le second filet immergé, les pêcheurs procèdent rapidement au *depescage* (démaillage) du premier. Deux hommes, — un pêcheur et le mousse, — prennent le filet brasse à brasse et le secouent pour faire tomber le poisson. Si

Charles Le Goffic

celui-ci résiste, on l'arrache d'un coup sec, quitte à laisser la tête dans les mailles. Cette sardine étêtée ne sera pas vendue ; elle servira, le soir, pour la *cotriade* du bord.

Trois heures suffisent généralement à la pêche ; mais il faut compter avec le retour. Vraie course au clocher ! Les barques, toutes voiles dehors, détalent vers l'usine. Aux premiers arrivés les meilleurs prix. Tant pis pour les retardataires, qui trop souvent, si la récolte fut copieuse, devront se contenter de salaires dérisoires. J'ai vu des bateaux s'en revenir ainsi avec 60 000 sardines ; mais j'ai vu aussi, à Douarnenez, toute la flottille (800 bateaux) s'en revenir à vide, sauf deux équipes qui avaient péché on ne sait comment, de droite et de gauche, quelques sardines de raccroc. Le baril de rogue s'est épuisé peu à peu ; la sardine était là pourtant, comme en témoignaient les « croix » des mouettes, les plongeons répétés des godes, la couleur de la mer. D'où vient qu'elle soit restée insensible à toutes les sollicitations ? Mystère encore ! On n'a pas ménagé l'appât ; mais à certains jours, on ne sait pourquoi, la capricieuse ne veut entendre à rien, fait grève, refuse de « travailler, » pour parler comme les pêcheurs.

Section III

Le pis est, nous l'avons dit, que cette rogue coûte extrêmement cher. Il y a rogue et rogne sans doute : la rogue de morue, la rogue de hareng, la rogue de maquereau, etc. Dans les rogues de morue mêmes, fabriquées avec le contenu des ovaires et des intestins de ce poisson, il faut distinguer les rogues norvégiennes, américaines et françaises.

La valeur marchande de ces rogues, comme leur qualité, est très variable. De 1885 à 1902, les prix de la rogue norvégienne, particulièrement, n'ont pas cessé de s'élever. On en a vu les raisons plus haut : 1° exigences nouvelles de la poche (3 500 bateaux) ; 2° achats espagnols. Pour comble de malchance, en même temps que les besoins de la consommation augmentaient, la production norvégienne tombait insensiblement de 41 000 à 28 000 barils (chiffre donné par M. Landrieu). Les marchands de Bergen ne sont guère plus de six ou sept, fortement syndiqués et qui se savent les maîtres du marché : il n'est point à croire dans ces conditions qu'ils ramènent jamais leurs prix aux moyennes d'il y a vingt ans (36 francs). La rogue américaine de Glocester, dont on se sert depuis 1903 à Camaret et à Morgat, aurait donné de bons résultats ; mais son prix de revient, à cause de l'élévation du fret et des droits de douane, ne serait pas inférieur de plus de 10 francs à celui de la Bergen de troisième qualité qui lui demeure préférable. La rogue française, qui bénéficie à l'importation d'une prime de 20 francs par 100 kilogrammes, nous arrive d'Islande et de Terre-Neuve. Par malheur, les goélettes qui l'apportent ne rallient la France qu'en septembre ; cette rogue n'est donc utilisable que l'année suivante ; sa production est du reste insuffisante et on lui reproche avec raison d'être « trop légère, de ne pas couler assez vite. » Reste la rogue de hareng et de maquereau [7], de production trop restreinte aussi, dont la première, vendue 30 francs le baril, est d'une préparation trop souvent défectueuse ; dont la seconde, beaucoup plus appréciée, mériterait qu'on en développât la fabrication.

En attendant et de l'avis des intéressés eux-mêmes, la rogue norvégienne l'emporte sur toute la ligne et nos pêcheurs restent à l'entière discrétion du syndicat de Bergen. Non qu'on n'ait essayé à plusieurs reprises de les soustraire à ce servage économique, en substituant à la rogue quelque succédané moins coûteux. Tourteaux d'arachide et de colza, pâtes de sauterelles et de hannetons, bouillie de thon cuit, farines saumurées, rogue hétérogène, morphirogue, rogue mixte, etc., etc., on ne compte pas les inventions des chercheurs de similirogues [8]. Plus récemment encore, M. Fabre-Domergue, s'engageant dans une voie nouvelle, essayait d'attirer la sardine au moyen d'un projecteur à l'acétylène dissous. Il ne paraît pas que cette tentative d'éclairage à bon marché (2 francs la séance) ait beaucoup ému la gent aux fines écailles. Peut-être, si l'État ne se décide pas à donner plus d'élasticité aux lois qui réglementent la pêche sardinière, devra-t-on chercher la solution du problème, non dans un monopole d'État, comme le propose l'*Humanité*, mais dans la création de nouveaux centres de production de rogue française et spécialement de rogue de maquereau et de hareng [9]. Il serait bon aussi que la Fédération des syndicats locaux ou ces syndicats eux-mêmes fussent mis en mesure de servir d'intermédiaire unique entre le pêcheur et le producteur de rogue : si ce dernier biais, dont veulent bien s'accommoder les fabricants, ne peut rien sur la spéculation étrangère, il arrêterait du moins la spéculation intérieure. Et ce serait un premier résultat.

C'en serait un second et plus appréciable encore, si l'on pouvait arracher le pêcheur sardinier à l'auberge qui l'empoisonne et l'exploite. Comparée à la vie du « terreneuvas » et de l' « islandais, » la vie de ce pêcheur est peut-être « une partie de plaisir. » Tout est relatif. En mer six jours sur sept, le pêcheur sardinier couche à bord, non dans un hamac ou sur un matelas, mais sur son banc, en plein air, roulé dans un bout de voile ou de prélart. Le temps d'apporter sa pêche à l'usine, d'avaler « une goutte » et le voilà reparti. Pour nourriture, chaque soir, une soupe au poisson nommée *cotriade* ; le matin, un quignon de pain bis frotté de saindoux ; pour boisson, — car le pêcheur sardinier est généralement sobre à bord, — l'eau de la baille. Il se rattrape le samedi soir, quand il rallie la terre pour « rendre le devoir » à sa femme, suivant son amusante expression, et c'est que le cabaret, quoi qu'il dise, dans ses préoccupations, passe avant le devoir conjugal. Ils sont là, ces cabarets, alignés en rang d'oignons le long des quais, tous semblables les uns aux autres, tous aussi fétides les uns que les autres, malgré la diversité de leurs enseignes : *À l'abri de la tempête, Au retour du pêcheur, À la descente des marins*, etc. ; ils montent la garde devant le port ; ils surveillent le mouvement des bateaux, prêts à happer leur proie, sitôt qu'elle a pris terre.

À trois sauts d'barque

On trouv' le cabaret,

dit une chanson de sardinier. Le taudis est à deux compartiments, l'un où l'on consomme, l'autre où le patron règle les comptes de l'équipage, défalcation faite au préalable de ce qui revient au débitant pour les dettes contractées par le bateau. Car le débitant n'est pas seulement débitant ; presque partout il est encore banquier. Mais, banquier avisé, ce n'est pas aux marins qu'il fait une avance, c'est au bateau lui-même, représenté par le patron. Certains de ces bateaux, pour achats de filets ou de rogue, réparations d'avaries, etc., etc., sont hypothéqués de sommes importantes pouvant atteindre 500 francs. Du débitant au pêcheur ainsi les liens se multiplient et se resserrent ; le débitant tient le pêcheur par son crédit et par ses avances. Coûte que coûte, comme le débitant ne prend pas d'intérêt sur l'argent prêté, il faut qu'il se rattrape sur la boisson, et croyez qu'il se rattrape largement. Ne cite-t-on pas un de ces coquins surnommé *Paotr-ar-chop*, l'homme à la chopine, « dont les bateaux-clients, dit le docteur Mével, sont tellement nombreux qu'il passe une partie de son temps à marquer les rations bues par tel ou tel équipage ? » Un vrai type, ce Paotr-ar-chop, avec son collier de barbe blanche, sa mâchoire édentée et la fluxion perpétuelle de sa joue gauche, soulevée par une énorme chique. Son corps légèrement voûté trahit l'homme qui s'est plus d'une fois courbé vers la mer pour relever des filets ou des casiers ; il est marin à ses heures en effet, et il ne devient débitant que du samedi au dimanche. Il faut le voir alors, notant d'une grosse écriture tremblée, sur un registre crasseux, les chopines vendues et les menues sommes avancées aux équipages. Le Gobseck

et le Cerizet de Balzac pâlissent à côté de ces ignobles usuriers du prolétariat maritime.

D'après une statistique du docteur Mével, L'augmentation des cabarets, de 1889 à 1899, aurait été de 43 à Douarnenez, de 35 à Concarneau, de 16 à Audierne. Douarnenez, Concarneau et Audierne sont les trois principaux ports sardiniers bretons. En dix ans aussi, la consommation de l'alcool pur aurait augmenté de près d'un quart dans les deux premiers de ces ports et ne serait restée à peu près stationnaire qu'à Audierne, où il lui était difficile d'augmenter, ayant atteint, dès 1892, 19 lit. 45 par habitant. Je renvoie à l'émouvante thèse du docteur Mével [10] le lecteur que ne laissent point indifférent les progrès de l'alcoolisme chez les pêcheurs sardiniers : il y verra que le fléau n'arrête point ses ravages aux pêcheurs et qu'il a sa répercussion douloureuse sur la race, sur ces tristes « enfants du samedi, » comme on les appelle, voués à la scrofule, au rachitisme et à toutes les dégénérescences. Diminution dans la natalité, augmentation dans la mortalité des enfants de 0 à un an, augmentation parallèle du chiffre des réformés, au point que la moyenne des dix dernières années est deux fois plus forte que celle des dix années précédentes, voilà les effets de cette triste incurie de l'État à l'égard de nos populations maritimes et en particulier de cette funeste loi sur la liberté du commerce des liquides qui a été le signal de notre décadence physiologique.

Et, il faut bien le reconnaître, dans cette décadence, les usiniers et les mareyeurs, en ce qui regarde au moins les pêcheurs de la côte bretonne, pouvaient revendiquer jusqu'ici une assez large part de responsabilité. Leur rôle n'était pas moins démoralisateur que celui des aubergistes, et il n'avait pas, comme lui, l'excuse de l'ignorance. Usiniers et mareyeurs avaient pris la funeste habitude, « connaissant la propension du marin sardinier pour l'alcool, de se faire concurrence, non à coups de pièces d'argent, mais à coups de chopines et de bouteilles d'eau-de-vie. » Par exemple, un bateau sardinier était-il en vue ? Du plus loin que leur voix portait les usiniers ou leurs « commises » lui jetaient un prix : « 5 francs, disait l'un. — Et une chopine ! criait un second. — 5 fr. 25 ! criait un troisième — 5 francs et deux chopines ! » reprenait le premier. Ils ne criaient même pas toujours ; ils faisaient le geste de lever le coude : le pêcheur avait compris et, dans l'espèce d'hypnose où le plongeait la pensée de ces

deux chopines fascinatrices, n'hésitait pas à préférer un prix inférieur accompagné d'une abondante distribution d'eau-de-vie à un
prix supérieur, mais sans accompagnement d'eau-de-vie.

Chaque année, dans les trois ports d'Audierne, de Concarneau et
de Douarnenez, il était distribué de la sorte par les mareyeurs et
les chefs d'usine pour 75 000 francs d'alcool pur ! Enfin, les efforts
personnels de M. de Thézac, sa propagande inlassable et l'appui
qu'elle rencontra dans les maisons Ouizille, Rodel et Chancerelle dé-
cidèrent quelques fabricants de conserves à supprimer ce honteux
système de prime. Mais n'est-ce point trop déjà qu'il ait duré jusqu'en
1904 et que plusieurs ports bretons (Étel, Quiberon, Belle-Isle, Audierne, etc.) ne s'en soient pas complètement affranchis ?

Section IV

Justement émus par la gravité des événements, quelques-uns de ces
fabricants avaient adressé, l'année précédente, à tous leurs confrères
de Bretagne et de Vendée, un pressant appel « afin de constituer un
groupement d'études pour la recherche des remèdes susceptibles
d'atténuer la crise sardinière. » La plupart des intéressés répondirent
à cet appel. Trois congrès furent tenus ; trois remèdes proposés, dont
deux ont été adoptés par les pouvoirs publics :

1° Organisation du crédit maritime ;

2° Protection des produits français.

Je parlerai plus loin du troisième remède, qui est la condition du
succès des deux autres, qu'il eût donc fallu adopter le premier et auquel on ne recourra probablement pas. Les pêcheurs y sont hostiles :
il suffit, — et la crainte de s'aliéner une clientèle électorale de cette
importance retiendra longtemps nos députés.

Sur le premier des remèdes, en effet, tout le monde était d'accord.
Les usiniers consentaient à n'être plus qu'usiniers et reconnaissaient
qu'il appartient aux seuls pêcheurs de traiter, soit directement, soit
par l'intermédiaire de leurs syndicats, avec les producteurs de rogue
et les fabricants d'agrès et d'engins. Encore les pêcheurs ne pou-
vaient-ils user de la permission que si le Parlement faisait pour eux
ce qu'il avait fait, douze ans plus tôt, pour les petits et moyens agri-
culteurs : le crédit maritime apparaissait comme le corollaire naturel
du crédit agricole ; grâce à l'organisation de ce crédit, disait dans son
très remarquable rapport M. Pierre Baudin, nos pêcheurs sortiraient

de leur longue minorité économique ; ils se procureraient sans peine les avances nécessaires à l'acquisition de leurs appâts et à la reconstitution de leur matériel ; là où il existe des syndicats, ces groupements prendraient conscience de leur véritable rôle et trouveraient un juste emploi de leur activité, etc., etc.

La Chambre s'est rangée à l'avis de son éminent rapporteur. Elle a décidé que les sociétés de crédit maritime pourraient être dorénavant formées par la totalité ou une partie des membres d'un ou plusieurs syndicats professionnels ; elle a bien spécifié, sans doute, que ces sociétés auraient pour objet exclusif de faciliter ou de garantir les opérations concernant les industries maritimes, mais elle les autorise à recevoir des dépôts en comptes courants avec ou sans intérêt, à se charger des recouvrements et des payements, à contracter les emprunts nécessaires pour constituer ou augmenter leurs fonds de roulement, etc. La nouvelle loi est donc aussi libérale que sage, et il faudrait seulement, pour qu'elle portât ses pleins effets, que les sardiniers de Bretagne ne confondissent pas deux choses très différentes : le prêt et le don. Il y a là, j'en ai peur, une nuance que ne saisiront pas tout de suite ces braves gens. L'État-Providence, depuis cinq ou six ans, est un dogme fort répandu sur la côte bretonne et qui n'a pas peu contribué à détacher les pêcheurs de leur confiance héréditaire en Dieu et en ses saints.

La loi votée sur le rapport de M. Roch pour la protection des conserves de sardines indigènes ne saurait éveiller de semblables appréhensions. Aux conserves de sardines, l'article premier a cru devoir ajouter les conserves de légumes et de prunes. Rien de mieux, et voilà trois industries qui, du même coup, se trouvent enfin sérieusement défendues contre la concurrence du dehors. Dorénavant, sur chaque récipient de conserves étrangères, l'indication du pays d'origine devra être inscrite « par estampage en relief ou en creux, en caractères latins bien apparents d'au moins quatre millimètres, au milieu du couvercle ou au fond et sur une partie ne portant aucune impression. » La même indication devra figurer en lettres adhérentes sur les caisses et emballages servant aux expéditions. De plus, et en ce qui concerne spécialement les sardines d'origine, étrangère, les boîtes de conserves de ces sardines d'un poids supérieur à un kilogramme seront, en vertu de l'article 2, prohibées à l'entrée, exclues du transit, de l'entrepôt et de la circulation.

L'intervention du législateur s'est également exercée, tout récemment, en faveur des ouvrières occupées dans nos usines pendant la saison de pêche. L'*Union des fabricants* n'avait pas appelé sur ce point l'attention des pouvoirs publics : il avait pourtant quelque importance, sinon pour la solution de la crise, au moins pour la pacification des esprits. Les ouvrières, occupées, dans les usines, au séchage, à la cuisson et à la mise en boîte des sardines, les « friteuses, » comme on les appelle familièrement, sont au nombre d'environ 15 000. Rien qu'à Douarnenez, pour trente usines, on en compte plus de 1 100, fédérées en un syndicat qui obéit au mot d'ordre des gréviculteurs parisiens. Ce syndicat, en 1905, décréta une première fois la grève, parce que les fabricants ne voulaient pas remplacer le travail au mille, qui stimule l'initiative, par le travail à l'heure payé 0 fr. 25 et qui ne profite, remarque le Dr Laumonier, qu'aux paresseuses et aux maladroites. La grève fut courte : elle se termina par la victoire du syndicat. Ces choses-là se passent en Bretagne et il faut faire effort pour y croire. Des Bretonnes, ces syndicalistes, ces révolutionnaires ? Des Bretonnes, et nous en verrons bien d'autres. Cependant, le touriste qui se hasarde dans les petites rues tortueuses d'Audierne ou de Douarnenez s'arrête quelquefois, surpris par l'étrangeté d'un chœur de voix féminines qui éclate derrière les murs sombres d'une grande bâtisse aux airs de caserne. Le chant n'a rien de rauque ni de discordant : l'instinct mélodique du peuple breton supplée à son ignorance du solfège, et les sardinières particulièrement, qui sont d'excellentes chanteuses font valoir avec beaucoup d'art les vieux *gwerz* populaires et les refrains de café-concert dont s'accommode indifféremment leur éclectisme musical. Quoi qu'elles chantent, d'ailleurs, félicitons-nous : dans le métier de friteuses, on ne chante que quand on travaille. Le chômage seul est silencieux. Quelques-unes de ces filles parviennent sur la fin de leur carrière au grade de *commises-surveillantes* ; d'autres, installées dans de petites baraques, sur les quais, entre des piles de jetons, sont *commises-acheteuses*, c'est-à-dire chargées de recevoir et de compter les panerées de 200 sardines apportées par les mousses. Mais la plupart se contentent d'étêter les sardines, de les vider, puis de les jeter dans des cuves de saumure, d'où elles les retirent au bout d'une heure pour les laver et les faire sécher à l'air libre, sur des grils en fil de fer. Ce bain de soleil communiquera au poisson la rigidité nécessaire. Après quoi on le plongera dans l'huile bouillante, puis on procédera à sa mise en boîte : assises en rangs parallèles le long des établis, les friteuses, méthodiquement, disposent dans leurs cercueils en ferblanc les petits cadavres argentés. Il ne reste plus qu'à livrer la boîte au soudeur qui assurera sa fermeture hermétique.

Dans les années moyennes, à cette besogne, les friteuses peuvent gagner jusqu'à 400 francs. Mais, dans les mauvaises années, leur gain tombe à 25 francs, à 13 francs (chiffres d'Audierne et du Guilvinec pour 1902). Beaucoup de sardinières, par surcroît, viennent de l'intérieur des terres. Elles y retournent, la saison terminée. Leur maigre salaire, l'incertitude de la pèche les exposaient jusqu'ici à tous les hasards d'une vie misérable, loin du foyer natal. J'ai vu de ces pauvres filles, à Douarnenez, qui passaient la nuit sur le môle, en plein air, serrées les unes contre les autres, comme des perdrix à la poudrée, sans autre abri que le parapet... C'était au cœur de l'été sans doute. L'air était tiède, le ciel étoilé. Mais il y avait aussi des nuits où le vent de mer et la pluie, faisaient rage. Quoi ! disait-on, à défaut de chambre, pas un dortoir, pas même un hangar où se mettre à couvert des intempéries de la saison ! Et dans quel granit sont donc taillées ces parias de l'industrie sardinière pour résister à un pareil régime ? Quelques usiniers charitables leur ouvrirent enfin des refuges. Premier progrès. Le décret du 28 juillet 1904 en réalisa un second, quand il détermina les conditions d'hygiène où doivent se trouver les locaux affectés au couchage du personnel dans les établissements visés par la loi du 12 juin 1893 : ces locaux « doivent » être largement aérés et munis de fenêtres et autres ouvertures à châssis mobiles donnant directement sur le dehors ; si ce sont des dortoirs, ils « doivent » avoir une hauteur moyenne de 2m,60 au moins ; le sol « doit » en être formé d'un revêtement imperméable, les murs peints à la chaux une fois par an et recouverts d'un enduit permettant un lavage efficace ; la literie « doit » être maintenue dans un état constant de propreté, les draps blanchis une fois par mois, les matelas cardés au moins tous les deux ans. Il « doit » s'y trouver des lavabos, à raison d'un au moins pour six personnes, avec savon et serviettes individuelles...

Des dortoirs de cette sorte, parfaitement « confortables, » viennent d'être installés à la Turballe, à Belle-Ile, à Quiberon, etc. ; ils seront prêts pour la prochaine campagne. À la bonne heure ! Reste à savoir, il est vrai, si on aura l'occasion de les inaugurer. Les sardinières supposent des sardines. Mais les sardines continuent à bouder les filets de nos pêcheurs. Et c'est que, des trois remèdes préconisés par l'*Union des fabricants*, le Parlement, comme je l'expliquais plus haut, n'a pris en considération que les deux premiers, dont l'efficacité était subordonnée à l'adoption du troisième. Or, précisément, de ce troisième remède, les pêcheurs ne veulent pas entendre parler.

Charles Le Goffic

Section V

Il est donc bien terrible, ce remède ? Jugez-en. L'*Union des fabricants* ose réclamer le retour de la législation maritime à un régime plus libéral en ce qui concerne l'emploi des engins de pêche. Les sennes et filets roulants, par exemple, sont interdits : elle demande que l'interdiction soit levée. On comprend les hésitations du ministre.

De sa réponse pourtant dépend la résurrection ou la ruine définitive de l'industrie sardinière. Car, s'il est exact que la sardine ne « travaille » plus, ne « maille » plus, il ne s'ensuit pas que la sardine fasse défaut sur nos côtes. Au contraire et, dans les pires années, en 1902, en 1905, les pêcheurs ont encore dit, en débarquant les mains vides : « Jamais on n'a vu autant de poisson [11] ! » Par surcroît, ce poisson, il semble aujourd'hui prouvé qu'on pourrait le capturer, sinon sans rogue, du moins à peu de frais, avec des sennes d'une certaine dimension, ces mêmes sennes qui furent en usage chez nous de 1874 à 1878 et que les pêcheurs espagnols et portugais se sont empressés d'adopter. La senne Belot, par exemple, vaste nappe de 1600 mètres de long et de 30 mètres de haut, permet de prendre jusqu'à 100 000 sardines d'un coup. Eh ! mais, direz-vous, la voilà, la solution rêvée, idéale ! Pas encore. La grande senne Belot coûte très cher, près de 1 000 francs. Elle requiert la collaboration de trois fortes chaloupes ; enfin, il est vrai qu'elle prend beaucoup de poisson, mais elle en prend trop, justement : tassées, écrasées, les sardines ne sont plus « marchandes » au sortir du filet. On conçoit donc, à la rigueur, que la grande senne Belot ait été interdite : nos pêcheurs lui voulaient mal de mort et n'ont eu de cesse qu'ils n'aient obtenu sa condamnation officielle.

Le malheur est qu'ils ont exigé et obtenu en même temps la condamnation de la petite senne Belot, du filet Eyraud, du filet Guézennec et du filet tournant qui, de dimensions beaucoup plus restreintes, avaient toutes les qualités de la grande senne Belot sans présenter aucun de ses inconvénients. L'emploi de ces engins, à la requête pressante des pêcheurs, n'en fut par moins défendu dans la baie de Douarnenez par décret du 10 octobre 1878. Ce décret ne visait qu'une portion très limitée du littoral. Aussi, à la fin de l'année 1881, trois pêcheurs de Penmarc'h, « lassés de ne rien prendre, » et se souvenant des pêches abondantes qu'on obtenait de 1874 à 1878 avec les petites sennes Belot, cousirent leurs filets les uns aux autres et obtinrent par cet ingénieux procédé des sennes improvisées qui firent tout de suite merveille. À cette nouvelle, dit M. Le Gall, voilà la fièvre qui « s'empare des autres pêcheurs de Penmarc'h et de Saint-Guénolé : ils courent à Douarnenez et enchérissent à tel point sur les vieilles sennes des pêcheurs de cette ville qu'ils en arrivent à payer des 800 et des 900 francs des engins sans grande valeur, dont le fil était presque pourri. Ils font, néanmoins, une excellente opération commerciale [12]. » De fait, les ports de Saint-Guénolé et de Penmarc'h furent les seuls du littoral breton qui échappèrent à la crise sardinière de 1881 et 1882. Gros émoi chez les pêcheurs des ports voisins, touchés dans leur amour-propre plus encore que dans leurs intérêts : ils crièrent au privilège, et l'interdiction édictée pour la baie de Douarnenez fut étendue au quartier d'Audierne, puis peu à peu au reste du littoral. L'*Union des fabricans* essaya vainement de ramener les pouvoirs publics à une plus équitable appréciation des choses. Tout ce qu'elle obtint fut la nomination d'une commission d'enquête composée de MM. Vaillant, professeur au Muséum, Fabre-Domergue, inspecteur des pêches maritimes, et Canut, directeur de la station de pisciculture de Boulogne-sur-Mer : cette commission, à qui l'on retirait d'une main les crédits qu'on lui accordait de l'autre, dut interrompre ses travaux devant l'hostilité des pêcheurs. Mieux encore que dans l'affaire du vapeur *René-André*, affrété en 1903 par les fabricants pour des expériences au large de Concarneau et dont les amarres furent coupées, l'équipage mis en interdit, sans que la justice recherchât les délinquants, on vit là dans quel esprit de déconcertante partialité les pouvoirs publics entendent procéder au règlement de la question sardinière : tous leurs soins tendent, non à relever cette industrie, mais à ne pas s'aliéner les pêcheurs. Aussi bien, l'enquête tourna-t-elle brusquement (1905) : un des commissaires, M. Fabre-Domergue, venait d'être expédié en Portugal et en Espagne, avec M. Potigny, pour y étudier « les modes de pêche de la sardine. » Peut-être, par ce biais, espérait-on gagner un an ou deux et donner à la sardine le temps de venir à résipiscence. C'est alors que l'*Union des fabricants*, en vue d'une expérience qu'elle restait seule à vouloir organiser, s'avisa de tirer parti d'un récent arrêt de la cour de Rennes qui déclarait « qu'on ne saurait de plein droit assimiler à la senne les filets ordinaires même reliés entre eux et formant sennes. » S'appuyant sur cet arrêt, l'*Union* s'entendit avec un de ses membres, M. Dupouy, de Saint-Guénolé, petit port finistérien qui, ainsi que Kerity, par grand hasard, n'était pas hostile à une certaine liberté du régime des pêches. Les patrons sardiniers, au début, marquèrent bien quelques craintes : l'administration de la marine n'allait-elle point leur chercher noise, si, de leurs filets attachés bout à bout, ils faisaient une senne ou un filet tournant ? On les rassura par une brève exposition de la nouvelle jurisprudence et, comme il leur demeurait une inquiétude sur les conséquences de leur initiative, les fabricants prirent l'engagement, « en cas d'abondance du poisson, d'établir un prix minimum et d'indiquer en même temps les quantités maxima que chaque usine pouvait travailler, de façon que les pêcheurs pussent s'entendre pour limiter leur pêche. »

Sur ces bases loyales, l'expérience fut tentée et elle réussit au-delà de toute espérance : certains bateaux vendirent pour 800 francs de poisson en une semaine. Résultat d'autant plus remarquable que les essais « étaient faits avec des équipages encore insuffisamment expérimentés pour l'emploi des filets tournants. » MM. Fabre-Domergue et Potigny, entre temps, avaient déposé leur rapport de mission en Portugal et en Espagne, rapport que l'administration de la marine, quand elle en connut les conclusions, ne mit aucun empressement à publier. Ces conclusions ne différaient pas beaucoup en effet de celles qu'avait adoptées l'*Union des fabricants* ; on les pressentait favorables à la thèse de la liberté du régime des pêches et l'on ne se trompait pas, comme il apparut dans la séance du 16 mars 1906, où le ministre dut reconnaître lui-même « la nécessité de rechercher par des essais nombreux (ces essais n'étaient-ils donc pas déjà faits ?) un engin du type des filets espagnols permettant aux pêcheurs un gain mieux approprié à leurs efforts. » M. Thomson ajoutait bien, et assez raisonnablement d'ailleurs, que, s'il était indispensable que les pêcheurs renonçassent, « dans la mesure du possible, à leurs anciens engins » et, « abandonnant une routine funeste, » fissent l'expérience d' « engins nouveaux, » une réforme de l'usine n'était pas moins indispensable.

« Il n'est pas admissible, disait-il, qu'on s'efforce de restreindre la pêche et d'éviter qu'il y ait un nombre trop considérable de poissons à usiner. C'est le contraire qui doit se produire, et, si l'industrie sardinière prend en ce moment en Espagne un merveilleux développement, c'est précisément parce qu'on y organise les usines pour mettre en œuvre toute la quantité de poissons qu'on peut pêcher. On n'arrête pas à un moment donné la pêche sous prétexte de maintenir certains prix, en menaçant les pêcheurs de ne plus leur acheter de poisson. »

Cela est vrai ; mais, pour que les fabricants puissent donner toute

l'extension convenable à leurs usines, il faut qu'ils ne soient plus ex-
posés, quand ils font, comme en Espagne et en Portugal, une économie compensatrice de main-d'œuvre par l'emploi de machines
perfectionnées, à voir ces machines brisées, leurs ateliers pillés et
incendiés. Le fait, on le sait, se produisit à Douarnenez, et il est de
ceux dont on peut prédire le renouvellement presque à coup sûr.
C'est une étrange erreur, au surplus, de croire qu'en affectant de
frapper l'usine et de lui imposer d'office certaines réformes dispen-
dieuses, on obtiendra l'assentiment des pêcheurs à un relâchement
de la législation maritime. Dans son dernier congrès, la Fédération
des marins sardiniers émettait encore le vœu « que l'essai de tout engin nouveau, espagnol ou non, ne fût pas fait en 1906. » Pour quelles
raisons ? Parce que, disait la Fédération, « avec les filets actuels et
des rogues de bonne qualité, les marins prennent du poisson quand
il y en a ; » parce que « l'emploi d'un engin nouveau ne changerait en
rien la situation dans une mauvaise année ; » parce que « tout essai
de ce genre ferait renaître la discorde parmi les marins pêcheurs. »
Aucune de ces raisons ne supporte l'examen et les deux premières au
moins sont contredites par l'expérience de quatre années consécu-
tives. Encore faut-il savoir gré à la Fédération de n'avoir pas repris à
son compte les antiques arguments : la senne « fatigue » la sardine ;
la senne dépeuple les fonds ; la senne détruit le frai, etc., etc.

Il n'est même pas sûr que la crainte de l'avilissement des prix, en cas
de surabondance du poisson, ni celle des réductions de personnel
que l'emploi des filets perfectionnés imposerait dans l'armement [13],
soient, comme on l'a dit, les raisons de derrière la tête des pêcheurs
sardiniers. « La pêche à la rogue, observe M. Th. Le Gall, est à la
portée du premier inscrit maritime venu ; l'adoption de la senne,
elle, établit aussitôt entre les pêcheurs un handicapement sensible.
Si l'on tient compte que les fins pêcheurs, actifs ou tenaces, sont dans
tout port sardinier la très petite minorité, le fait n'étonnera pas que la
grande majorité des pêcheurs ait demandé à l'État de lier au sort de
la masse celui du groupe restreint des marins intelligents et mieux
doués qui s'enrichissent à vue d'œil sous ses regards jaloux. Pour le
pêcheur breton, la mer est la propriété commune des inscrits maritimes, le champ indivis à exploiter. C'est cet état d'âme qui l'a dres-
sé contre un engin qui assurait parfois à un équipage la chance de
capturer en une journée plus qu'un autre équipage-en un mois de
travail. Le pêcheur auquel le sort avait été défavorable, sans songer
à accuser son inertie ou son défaut de technique, imputait aussitôt
sa malchance persistante aux heureux coups de senne du voisin, qui

avait détruit sa part de poisson. » Au besoin, jadis, il accusait ce voisin de complicité avec le diable. Etienne Guillou, de Concarneau, l'héroïque sardinier-pilote qui sauva 122 équipages, avait été surnommé le sorcier pour ses succès à la pêche : on disait que, quand il eût jeté son filet dans une lande, il en eût ramené du poisson. Une célébrité plus contestable de l'industrie sardinière, Pobet-Coz, d'Audierne, passait pour devoir sa chance extraordinaire à la présence d'un sachet magique, caché dans la doublure de sa vareuse [14].

Peut-être ne croit-on plus beaucoup au diable, en Bretagne ; mais la propagande syndicaliste n'y a pas encore ruiné tous les préjugés et le plus déplorable de tous, celui qui, dans le choix de ses engins, fait du pêcheur sardinier l'esclave de la routine et de l'imprévoyance. La crise s'aggrave pourtant ; la misère augmente. Encore deux ou trois ans de ce régime et l'industrie sardinière aura vécu. Mais 150 usines, 160 ateliers de presse et salaison ne disparaîtront pas sans que nos pêcheurs en éprouvent le contre-coup. Eux-mêmes ne l'auraient pas cru, s'il ne s'était trouvé de profonds politiques pour leur donner l'assurance du contraire. « La pêche du large, écrivait M. Le Bail dans *le Matin*, doit être le suprême espoir et la suprême pensée de nos marins cornouaillais ! » Et il n'est que trop vrai qu'en plusieurs ports du Finistère, ces mêmes marins qui, par crainte d'un léger changement à leurs habitudes, ne peuvent se résigner à l'adoption des filets tournants et des petites sennes Belot, sont tout prêts à braver la haute mer et à se muer en pêcheurs de thon… Les fabricants ne sont point des anges. S'ils faisaient leur examen de conscience, ils reconnaîtraient qu'ils ne se sont point toujours conduits envers les pêcheurs comme la stricte équité l'eût voulu. On ne joue point impunément au Moloch industriel, et un moment vient où la patience des victimes se lasse. Or, il n'est que trop visible, à certains signes, que ce moment approche, s'il n'est déjà venu. Du moins les fabricants, par l'attitude conciliante qu'ils ont adoptée en ces dernières années, ont-ils racheté largement leurs erreurs passées. On les a vus qui préconisaient l'accord du capital et du salaire, qui consentaient à une limitation des prix, qui reconnaissaient les syndicats et envoyaient des délégués à leurs congrès. Et ces délégués disaient :

— Nous souffrons les uns et les autres et nous souffrirons bien davantage encore, si nous continuons à nous entre-déchirer. Pêcheurs, vous laissez dire partout, vous faites écrire par vos députés que « la sardine semble avoir abandonné nos côtes. » Pourquoi tromper l'opinion ? Qu'en résultera-t-il de bon pour vous ? Plutôt que de tout attendre de l'État-Providence, comptons sur nous-mêmes, unissons-nous, usiniers et pêcheurs. Il y a encore de la sardine dans les mers vendéenne el bretonne ; il y en a même en abondance, et des expériences récentes témoignent qu'on peut la prendre presque sans rogue, presque sans frais, avec des sennes et des filets tournants, ces sennes, ces filets dont vous avez obtenu l'interdiction en France et au moyen desquels, en Espagne et en Portugal, on pêche la sardine par quantités prodigieuses. Vous avez peur à votre tour d'en prendre trop ? Vous redoutez le brusque avilissement des prix ? Eh bien ! convenons : 1° *Que la pêche aux filets tournants ne sera autorisée qu'en cas de disette de poisson sur la côte ; 2° que des prix minimum vous seront garantis après discussion, sur des bases fixées par vous et par nous...*

Le sage Nestor n'eût pas mieux dit. C'est pourquoi je souhaite vivement que les pêcheurs se prêtent aux ouvertures des fabricants. La prétendue solution hauturière ne serait en effet une solution pour personne et pas même pour les pêcheurs. Quelques-uns seulement, en très petit nombre, pourraient en faire leur profit. Puis on ne passe pas si commodément d'une pêche à une autre pêche ; et, enfin, cette pêche hauturière a bien comme la petite pêche ses aléas et ses mécomptes. Pour avoir égard aux intérêts du prolétariat maritime, il n'est point nécessaire qu'on leur sacrifie les intérêts du patronat sardinier ; il arrive même qu'on sert les uns en servant les autres, tant ils sont au fond solidaires. Un accord entre les fabricants de conserves et les pêcheurs, accord dont il appartient peut-être à l'État de prendre l'initiative et, en tout cas, de surveiller la stricte observation, voilà, en résumé, le vrai, l'unique salut à cette heure pour notre industrie sardinière.

Et tout le reste n'est que de la surenchère électorale.

Section VI

Les pêcheurs sardiniers manquent vraiment de mémoire : pour les mettre en garde contre la pêche hauturière et en général contre tout changement trop complet et trop brusque apporté dans leurs habitudes, que ne se rappellent-ils le lamentable échec de leurs tentatives d'acclimatation en Tunisie et en Algérie ? M. Collignon, préfet du Finistère, voulut reprendre l'expérience en 1902. Mais les expériences de 1891 et de 1892 ne suffisaient-elles pas [15] ? Rien n'avait été négligé cependant, tant à Tabarka qu'à Philippeville, pour faciliter les débuts des émigrants. À Tabarka, les hommes étaient engagés à raison de

65 francs par mois ; les femmes à raison de 2 fr. 50 par jour pour la confection et la réparation des filets. En outre, chaque pêcheur avait droit à une part de pêche qui équivalait à 20 pour 100 de la récolte totale. Enfin les familles étaient logées gratuitement ; les enfants en bas âge recueillis dans des crèches et dans des écoles. Le Protectorat alla jusqu'à fournir aux pêcheurs de Tabarka, à titre remboursable, des médicaments et des vivres. Même sollicitude chez le gouvernement algérien pour les pêcheurs de Philippeville, qui recevaient, à titre d'indemnité, pour leurs frais de premier établissement 200 francs, s'ils étaient mariés, 100 francs, s'ils étaient célibataires, une maison, un mobilier et des vivres.

Voyons maintenant, par les rapports de M. Hanotaux, de M. Bouchon-Brandely et de M. Roche, ce que devinrent, entourés de toute cette sollicitude des pouvoirs publics, presque traités comme des fonctionnaires, les quarante émigrants bretons de Tabarka et de Philippeville. Au 1er janvier 1893, il ne restait plus en Afrique que vingt-huit émigrants. Encore sept ou huit de ceux-ci avaient-ils abandonné la pêche côtière pour s'engager « dans des industries n'ayant rien de maritime. » Dès le mois de mars suivant, tous les émigrants, *sans exception*, demandaient avec instance qu'on les rapatriât : la faillite de l'expérience était complète.

Restait à en dégager la moralité. Ce fut M. Roche qui s'en chargea. Il avait succédé comme inspecteur général des pêches à M. Bouchon-Brandely, promoteur du mouvement d'émigration, et il n'avait aucune des illusions de son prédécesseur. Il vit tout de suite les vraies causes, les causes profondes et irrémédiables de l'insuccès de l'expérience. Sans doute il était exact que la sardine, d'ordinaire si abondante dans les eaux algériennes et tunisiennes, n'avait presque pas « levé » en 1892. Mais, quand même la sardine aurait été plus abondante, l'échec de la tentative n'en était pas moins assuré. Le régime de la Méditerranée est tout différent de celui de la Manche et de l'Atlantique, et l'on ne s'y plie point du premier coup. M. Roche citait à l'appui de sa thèse le cas de deux marins-pêcheurs de Boulogne (on sait que les Boulonnais jouissent d'une réputation méritée comme pêcheurs hauturiers), deux frères, tous deux mariés, qui étaient venus s'établir à Bône sur les conseils du gouverneur général. Celui-ci avait fait pour eux ce qu'il avait fait pour les pêcheurs bretons de Philippeville. Avec les 400 francs de leur allocation et les économies qu'ils possédaient, les deux frères achetèrent un bateau, des palangres et, pour plus de sûreté, embarquèrent avec eux un homme du pays. « Mais l'ignorance de la langue, dit M. Roche, le maniement d'une embarcation d'un type nouveau pour eux, leur défaut de connaissance des fonds de pêche et des conditions de la navigation, leur suscitèrent de telles difficultés qu'ils durent renoncer à pratiquer le métier de pêcheur. Ils se trouvèrent réduits à la plus grande misère et forcés de chercher un emploi. » Là où des marins boulonnais avaient échoué, comment aurait-on voulu que réussissent des marins bretons ? J'aime beaucoup mes compatriotes, mais enfin il me faut bien reconnaître que l'esprit d'initiative n'est pas leur qualité maîtresse [16] et qu'il n'est pas d'hommes peut-être chez qui les habitudes héritées ou acquises aient autant de force et laissent moins de prise aux influences extérieures. Et je ne parle pas de cette nostalgie qui est le mal de tous les émigrants bretons. Sans doute elle joua son rôle dans la navrante odyssée des pêcheurs de Tabarka et de Philippeville. Sous ce ciel africain, tout ruisselant de lumière, combien de fois ne durent-ils pas regretter les limbes du ciel natal et ces trois pierres grises, au bord d'un golfe sauvage, qui obsédaient déjà, sous les murs de Carthage, les mercenaires celtes du temps de Salammbô !…

En l'espace de dix ans les Bretons avaient-ils changé à ce point que ni la nostalgie, ni le manque d'initiative, ni l'inaptitude à se plier aux conditions d'une vie entièrement nouvelle ne fussent plus des obstacles à leur transplantation ? M. Collignon le pensa. Il revint promptement de son erreur, et les pêcheurs sardiniers, dont on tâchait d'endormir la misère au récit des joies compensatrices qui les attendaient dans la Cocagne méditerranéenne, — comme on les berce aujourd'hui avec les mots magiques de crédit maritime et de pêche hauturière, — s'éveillèrent un beau jour de leur rêve et se retrouvèrent Gros-Jean comme devant

Section VII

Développement et organisation des syndicats, institution de prud'homies dans les centres sardiniers, meilleure réglementation du chalutage à vapeur et de la coupe des varechs, suppression des filets de dérive à partir du 15 avril de chaque année, extermination des bélugas, licence accordée aux pêcheurs de saler chez eux la sardine de rebut, etc., bien des palliatifs encore ont été suggérés pour atténuer les effets de la crise. Ceux-là mêmes qui les proposaient, et jusqu'à ceux pour qui l'action syndicale est la panacée de tous les maux du corps social, reconnaissent qu'on ne saurait rien attendre

Charles Le Goffic

de leur application tant que l'alcool asservira le pêcheur sardinier.

« Nous pouvons affirmer sans aucune exagération, dit M. Louis Ropers, que la consommation d'alcool absorbe un quart du gain du pêcheur ; tout matelot, *sans être un ivrogne*, consomme annuellement pour 150 francs d'alcool. » — « On ne peut pas jeter dans la lutte coopératiste, dit à son tour M. Th. Le Gall, des hommes abrutis par l'alcool et par toutes les superstitions, prostrés dans l'ignorance et dans la misère et qui ne conçoivent même pas, tant leur âme tend à se matérialiser, le désir ni même l'espoir d'une délivrance prochaine. » Ces dernières lignes sont particulièrement sévères et l'on y voudrait peut-être plus de nuances. Car voici une institution qui n'est pas très vieille sans doute et qui, en face du débitant pervertisseur et exploiteur, affirme hautement et prouve jusqu'à un certain point sa vertu de relèvement social : l'*Œuvre de la côte bretonne*, l'œuvre des Abris du Marin, comme on dit plus familièrement, a été fondée en 1899. Qu'est-ce que l'Abri ? — L'Abri, c'est l'auberge en mieux et sans l'alcool.

Il y avait jadis, au Guilvinec, une avancée rocheuse, qu'on appelait ironiquement la « Pointe des Blagueurs. » Exposée à tous les vents, nue, grise, froide, cette pointe mélancolique n'avait pourtant pas complètement volé son nom et il était rare qu'on n'y vît pas quelques groupes de pêcheurs inspectant le large et attendant l'embellie. « Blaguer, » à la vérité ces malheureux n'y songeaient guère. Sous les vareuses trempées de pluie, les corps grelottaient ; le froid gerçait la peau. Mais quoi ! il fallait être là, coûte que coûte : le poisson est rusé ; le vent a des sautes imprévues. Et, la résignation bretonne aidant, on s'accommodait de cet état de choses sans espérer qu'il pût jamais s'améliorer… Un beau jour pourtant, sur ce promontoire de misère, une vaste et confortable habitation est sortie du sol. Percée de larges baies, surmontée d'une sorte de dunette, — la « hune des pilotes, » — d'où l'on embrasse tout l'horizon, cette habitation est à la fois un refuge et un observatoire. Elle est encore quelque chose de plus, comme nous le verrons tout à l'heure. Mais le nom qu'elle porte lui a été imposé par sa destination première ; sur la claire et riante façade, crépie à la chaux hydraulique, on lit ces trois mots très simples — et très suggestifs : — *Abri du Marin*.

Ce qui s'est passé, en 1900, au Guilvinec, s'est passé à Audierne, à Concarneau, au Palais, à Camaret, au Passage-Lanries, à Sainte-Marine et à l'île de Sein. Sur huit points de la côte bretonne, les pêcheurs ont aujourd'hui des maisons à eux ou qui leur appartiendront prochainement et qui portent le même nom que la maison commune du Guilvinec. Toutes les huit sont des « Abris du Marin. » Quatre années ont suffi à M. de Thézac, — le promoteur des Abris, — pour mettre sur pied cette grande et belle *Œuvre de la côte bretonne* qui témoigne des prodiges qu'on peut attendre de l'initiative privée, quand elle a la foi et qu'elle est désintéressée. Vivant au milieu des sardiniers, initié par un contact permanent à leurs besoins et à leurs aspirations, M. de Thézac avait été frappé de bonne heure par ce qu'il appelle l'instinct de sociabilité des pêcheurs à terre.

« C'est un besoin pour eux de se réunir, dit-il. Ces réunions se forment par groupes, en plein air, lorsqu'il ne pleut pas, et, inévitablement, dans les cabarets, lorsqu'il pleut, ce qui est presque continuel l'hiver. Quelques marins, ceux qui ont la chance d'être moins étroitement logés, accordent bien quelques moments à leur foyer, à la vie de famille ; mais le métier lui-même n'exige-t-il pas que le pêcheur reste dehors, sur le quai, à guetter l'embellie, à s'informer des prix de vente et des lieux de meilleure pêche, à discuter pour s'instruire avec les collègues ?… »

Passe encore l'été ! Mais, vienne l'automne : les pluies, le vent, la grêle rendent la faction intenable. Ah ! se dit M. de Thézac, si les pauvres gens avaient un « abri » sur la falaise ou sur le port ! S'ils pouvaient se mettre à couvert, sans bourse délier ou presque, dans un endroit sain, bien chauffé, confortablement aménagé et où ils ne fussent pas la proie des débitants ? Cet « abri » idéal, beaucoup d'entre eux le possèdent à présent, grâce à l'*Œuvre de la côte bretonne*. Deux petites chambres sombres et tristes, louées hâtivement sur la pointe de Men-Brial (île de Sein), furent pourtant le berceau de cette œuvre admirable et appelée à un si rapide développement : la salle de lecture, — un grenier, — n'offrait même pas hauteur d'homme ; on lisait accroupi sur le plancher. Que nous sommes loin de ces débuts misérables ! Mais aussi c'est que l'Abri, à l'origine et dans la pensée de son fondateur, n'était qu'un simple local d'attente et, par la force des choses, voici qu'il est devenu en quelques années un cercle d'études, un bureau de renseignements, une sorte de « maison du peuple » des marins.

Tel de ces Abris, il est vrai, a coûté 15 000 francs ; les plus humbles 8 000, 6 000 francs. Mais tous sont bâtis et aménagés sur le même plan : deux grandes salles claires, bien aérées, décorées de tableaux et de cartes marines (la salle de récréation et la salle de lecture) ; un préau couvert avec des jeux de quilles, de boules, des appareils

Charles Le Goffic

de gymnastique ; un dortoir avec des lits de camp (certains Abris en possèdent jusqu'à 40 pour les pêcheurs en relâche) ; une citerne pour faire l'aiguade ; un atelier pour réparer la vergue ou l'aviron cassés en cours de route… On sait l'adresse des gens de mer à sculpter et à façonner des réductions de navires, chefs-d'œuvre d'ingéniosité et de patience : des outils spéciaux ont été mis à la disposition des sociétaires ; des régates de bateaux-modèles organisées. Tous les samedis, jours fériés et dimanches, la lanterne magique alterne au programme du soir avec les auditions de phonographe. En temps normal, l'Abri délivre gratuitement à ses sociétaires, pour leur correspondance, encre, plumes, papier. Il leur prête gratuitement des livres, car il a une bibliothèque, composée surtout de manuels nautiques et de récits de voyage ; de plus, M. de Thézac publie chaque année un *Almanach du marin breton*, qui est un modèle du genre. Gratuitement encore, le sociétaire blessé reçoit à l'Abri un premier pansement (par parenthèses, on n'imagine pas ce qu'il se soigne dans les Abris de « taïous de mer, » ces terribles furoncles du poignet si fréquents chez les pêcheurs). Étonnez-vous, après tout cela, que les Abris, qui ne sont encore qu'au nombre de huit [17], reçoivent bon an mal an de 3 à 400 000 visites. Du 13 janvier au 4 décembre 1906, leurs postes de couchage avaient hospitalisé 1 705 marins en relâche ; infirmiers volontaires, les gardiens avaient fait 2 342 pansements et distributions de remèdes gratuits. Les chiffres ont leur éloquence : 400 000 visites à l'Abri, c'est 400 000 visites de moins au cabaret… Et voilà bien pourquoi les Abris ont rencontré tant d'ennemis, assez fins manœuvriers pour avoir su gagner la Fédération des marins pêcheurs à leur cause. Ce fut une stupeur sur le littoral, quand cette Fédération, dans son dernier Congrès, signala les Abris comme des lieux de perdition où les jeunes gens étaient « attirés par l'appât du gain » et « contractaient des habitudes de paresse. » Protestations, démentis plurent de toutes parts, et la Fédération en fut pour sa courte honte. Une œuvre de solidarité sociale à laquelle on ne peut découvrir aucune arrière-pensée d'intérêt personnel est un phénomène si rare que les débitants bretons n'y peuvent croire encore. Telle est bien pourtant l'Œuvre des Abris… Et j'ai dit que logement, médicaments, pansements, outils, jeux, livres, encre, papier, boisson [18], tout était délivré gratuitement aux sociétaires des Abris. Peut-être me suis-je trop avancé : en réalité les sociétaires des Abris paient une cotisation annuelle, — exactement comme les membres du *Jockey* ou du *Cercle agricole*. Cette cotisation est seulement moins élevée : 10 centimes par an.

Moyennant ces dix centimes, le sociétaire des Abris a le droit d'entrer à toute heure dans la maison commune ; il y est toujours le bienvenu ; il y peut « palabrer » avec les camarades, s'informer des cours, traiter les affaires du syndicat, là où existe un syndicat, écouter des chansons au sortir d'une conférence sur l'hygiène ou, s'il possède une belle voix, monter lui-même sur l'estrade et régaler l'assistance d'un pittoresque refrain de gaillard d'avant.

On traite de tout et on cause de tout à l'Abri, sauf de religion et de politique. C'est la seule restriction apportée par les fondateurs ; ceux-ci, — et il les en faut sincèrement louer, — n'ont même pas voulu paraître dans la formation et la composition des comités directeurs ; les membres de ces comités, ce sont les marins eux-mêmes qui les élisent et ils les doivent choisir dans leurs rangs. « Ne peuvent être membres du comité, dit un article des statuts, que les marins-pêcheurs en exercice ou retraités. » Excellente méthode pour éveiller chez ces grands enfans l'esprit d'initiative, les forcer à faire l'apprentissage du gouvernement collectif ! L'*Œuvre de la côte bretonne* n'a évidemment pas accompli du jour au lendemain ce miracle de convertir à la sobriété une armée de 17 000 piliers de cabaret. Encore a-t-on pu constater, depuis que les Abris sont fondés, un relèvement sensible de la moralité des pêcheurs sardiniers. Retenons précieusement, — entre tant de témoignages que j'en pourrais donner, — la confidence mélancolique d'une débitante du Passage-Lanriec à M. Austin de Croze : « Depuis huit mois que l'Abri est ouvert, j'ai perdu plus de 1 000 francs ! » Telle est la popularité de cette belle et généreuse institution que les demandes affluent de toutes parts au sein du comité de l'*Œuvre* : chaque port de pêche voudrait avoir son Abri. Pourquoi faut-il que le fondateur de l'*Œuvre* ne soit ni un Carnegie ni un Vanderbilt ? Pourquoi cette œuvre elle-même, par la modestie de son fondateur, est-elle si peu connue ?

« Des sociétés de sauvetage, dit avec raison M. de Thézac, sont gratifiées chaque année de générosités qui dépassent plusieurs centaines de mille francs. Or les Abris ne sont-ils pas une vaste entreprise de sauvetage rayonnant qui préserve du naufrage matériel et du naufrage moral un nombre de marins impossible à chiffrer ? »

Ces marins, ces pêcheurs, seulement seront-ils là encore demain ? Le drame économique qui se joue à l'extrémité de la France approche du dénouement. Sans la politique, — et quelle politique ! — il se fût dénoué il y a longtemps de la plus naturelle et de la plus heureuse façon du monde. Le rôle de l'État, près de certains groupes sociaux non sortis encore de minorité, devrait être celui d'un tuteur, d'un père de famille : il a été ici celui d'un courtisan, d'un mendiant de popularité. Eclairé par les rapports de ses enquêteurs officiels, fort des expériences tentées, conscient du péril imminent, l'État devait prendre contre eux-mêmes la défense des pêcheurs, les sauver malgré eux, quitte à sauver avec eux les usiniers : il a préféré, — par prudence, — s'abstenir, remettre toute décision à une échéance indéterminée. Avant cette échéance, les usiniers seront ruinés ; mais l'État aura vu sombrer dans la catastrophe ces mêmes pêcheurs dont le bulletin de vote lui importait plus que la sécurité domestique et qui, pendant quatre années, vivant de charités et d'expédients, se sont croisé les bras devant la mer, non parce qu'il n'y avait pas de sardines, mais parce qu'ils craignaient d'en prendre trop !

Notes

1.   Conférence faite à la Sorbonne, par M. Portier, de la Faculté des Sciences, le 4 février 1904.

2.   Cf. Rapport Fabre-Domergue et Potigny. (Voyez plus loin.)

3.   Tout ce raisonnement de Pouchet est resté inattaquable.

4.   Cf. Louis Ropers : La Crise sardinière. Paris, 1906.

5.   Une usine française pour les conserves de sardines fut fondée, il y a quelques années, à Mahé par M. Amieux, et la direction de cette usine confiée à un Breton, M. de la Haye-Jousselin. Mais, transités à Bombay, faute de ligne de navigation directe entre les Indes françaises et la métropole, les produits de cette usine étaient frappés à l'importation de droits de douane excessifs : l'usine fut fermée.

6.   Au 15 août dernier, me dit-on, sur le passage de la procession, un tiers seulement des barques de Douarnenez était pavoisé.

7.   La rogue de maquereau est surtout employée par les Vendéens.

8.   Au Congrès de 1905, l'Union des fabricants a fondé un prix de 25 000 francs destiné à récompenser l'inventeur d'une rogue artificielle pouvant remplacer la rogue naturelle.

9.   Aussi bien est-ce à cette solution que semble s'être arrêté le ministre de la Marine (Déclaration faite par M. Thomson à la

séance du 16 mars 1906).

10.   Cf. L'Alcoolisme chez le pêcheur breton.

11.   Cf. Aug. Dupouy, la Crise sardinière (Pages libres, 10 janvier 1906).

12.   Cf. Th. Le Gall, l'Industrie de la pêche dans les ports sardiniers bretons. Rennes, 1904.

13.   « Je tiens à attirer votre attention, m'écrivait à la date du 4 décembre dernier M. de Thézac, sur l'argument très sérieux et très sincère que voici : « Actuellement, disent les pêcheurs, nous sommes des milliers que la mer fait vivre (?) et qui pouvons gagner à peu près notre pain. Avec le chalutage à vapeur, les grandes sennes, il n'y aura plus de travail pour tout le monde. Donc il n'en faut pas. » Les pêcheurs qui parlent ainsi obéissent à un sentiment de solidarité indiscutable. » — Sans doute. Mais le chalutage à vapeur est une chose et les grandes sennes une autre. Le chalutage à vapeur, mal surveillé, pourrait l'être beaucoup mieux et sa zone d'exercice reportée à cinq ou six milles de la côte : la drague en effet ne détruit peut-être pas autant de poisson qu'on le dit ; il est certain pourtant qu'elle épouvante le poisson et finit par le chasser vers le large. Quant aux grandes sennes, personne ne parle de les rétablir et l'Union des fabricants n'a en vue, et seulement dans certains cas déterminés, que les petites sennes et les filets tournants. Le nombre des pêcheurs sardiniers s'est exagérément développé en ces dernières années : il y a pléthore, soit. Mais, en 1818 et 1882, la pléthore dont on se plaint aujourd'hui n'existait pas, et les pêcheurs ne s'en montraient pas moins hostiles à l'emploi des engins perfectionnés.

14.   Cf. Le Garguet, Revue des traditions populaires, tome IV.

15.   Trois autres tentatives de colonisation bretonne avaient été déjà faites, sans plus de succès, en 1845 et 1812, à Sidi-Ferruch, par le comte Guyot et l'amiral de Gueydon, en 1885 (?), à Sétubal, par M. Alfred Riom. On a parlé aussi, pour « désengorger » les ports bretons, d'organiser chaque année vers la Méditerranée une émigration volante des pêcheurs sardiniers analogue à celle des « islandais » et des « terreneuvas. » Ce projet, peu pratique, semble aujourd'hui abandonné. Le projet de M. Th. Garelle, partisan de l'émigration définitive, mais qui voudrait « donner à l'économie de l'émigration un caractère franchement capitaliste, » est encore celui de tous qui présenterait le plus de chances de succès.

16.   Exception faite pour deux ou trois catégories maritimes

déterminées comme les Grésillons ou pêcheurs de Groix, les plus hardis et les plus fins marins de l'Atlantique, et les pécheurs de Primel, qui ont trouvé le moyen de se passer de mareyeurs et traitent directement avec les facteurs aux Halles.

17.   Sur l'initiative du Dr Burot, le philanthrope rochefortais bien connu, s'est fondé récemment, à l'imitation des Abris de la côte bretonne, l'Abri du marin de Fouras.

18.   Car on boit à l'Abri. Seulement on n'y boit pas d'alcool, même pas de vin, de cidre. On y boit… de la tisane d'eucalyptus, boisson éminemment inoffensive, pour laquelle les pêcheurs montrent une véritable passion. C'est en janvier 1904, il y a trois ans donc, qu'un hasard, qualifié par M. de Thézac de providentiel, fit essayer dans deux Abris l'infusion chaude et sucrée de feuilles d'eucalyptus. Tout de suite les marins furent conquis : en six semaines, 18 000 tasses furent bues. Il fallut bien vite généraliser l'emploi de cette tisane merveilleuse. Tous les Abris en demandaient. Les gardiens de ces établissements étaient débordés. « Monsieur, écrivait l'un d'eux, Huchon, du Passage-Lanriec, à M. de Thézac qui l'avait prié de ménager le sucre dans ses distributions de tisane, — hélas ! les ressources de l'Œuvre sont limitées, — pour l'avenir je vais supprimer un peu de sucre, tel que vous me le dites ; mais, pour la quantité des tasses de boisson, il me sera un peu difficile de diminuer ; ayant l'habitude de faire deux distributions par jour, les marins connaissent les heures de distribution, et, surtout les jours de mauvais temps, ils arrivent comme au pillage !… »

Notes

ISBN : 978-1546861881